18 + 31	13 + 27	17 + 28	23 + 42
14 + 21	30 + 34	26 + 24	39 + 31
44 + 49	12 + 43	10 + 37	41 + 23
11 + 29	19 + 25	41 + 27	26 + 44
41 + 32	37 + 46	15 + 26	32 + 39

17 + 26	33 + 48	25 + 46	42 + 40
40 + 50	34 + 40	49 + 24	23 + 39
34 + 49	18 + 46	12 + 25	48 + 46
35 + 41	38 + 20	28 + 45	20 + 39
26 + 32	34 + 44	49 + 45	39 + 25

30 + 37	27 + 43	36 + 42	43 + 39
12 + 21	21 + 25	11 + 40	33 + 20
20 + 42	23 + 41	17 + 43	18 + 47
39 + 49	21 + 37	32 + 36	36 + 43
19 + 20	24 + 35	40 + 26	45 + 22

48 + 33	33 + 23	35 + 42	43 + 38
32 + 28	31 + 21	11 + 42	24 + 36
12 + 41	29 + 27	14 + 35	48 + 20
23 + 22	20 + 22	31 + 32	43 + 23
43 + 43	23 + 36	40 + 49	10 + 32

| 28 | 25 | 14 | 17 |
| + 38 | + 23 | + 32 | + 30 |

| 49 | 12 | 23 | 39 |
| + 48 | + 50 | + 27 | + 22 |

| 44 | 39 | 22 | 43 |
| + 35 | + 40 | + 48 | + 44 |

| 36 | 42 | 21 | 45 |
| + 41 | + 35 | + 32 | + 39 |

| 49 | 12 | 33 | 33 |
| + 33 | + 28 | + 44 | + 31 |

23 + 26	11 + 31	10 + 43	34 + 40
34 + 48	23 + 31	40 + 32	12 + 35
41 + 37	27 + 32	12 + 38	12 + 32
11 + 47	18 + 33	30 + 21	47 + 30
23 + 23	47 + 34	42 + 47	14 + 24

46 + 30	12 + 36	46 + 37	25 + 36
31 + 50	25 + 25	41 + 39	15 + 33
23 + 38	40 + 41	29 + 25	28 + 29
13 + 48	34 + 29	41 + 36	22 + 34
41 + 42	31 + 36	31 + 34	31 + 40

47 + 35	36 + 43	33 + 41	49 + 35
15 + 26	16 + 32	36 + 42	45 + 42
14 + 35	30 + 33	47 + 26	19 + 46
45 + 29	44 + 32	46 + 44	13 + 29
17 + 44	19 + 49	37 + 40	43 + 31

39 + 35	31 + 25	42 + 22	33 + 46
38 + 36	25 + 21	45 + 31	49 + 38
17 + 37	35 + 35	27 + 26	20 + 34
33 + 36	26 + 30	38 + 30	41 + 30
13 + 39	24 + 21	33 + 40	18 + 26

35	27	40	22
+ 42	+ 21	+ 29	+ 46

50	23	12	47
+ 39	+ 40	+ 47	+ 36

20	33	36	17
+ 22	+ 27	+ 27	+ 31

40	49	11	11
+ 22	+ 27	+ 49	+ 35

25	45	40	39
+ 33	+ 40	+ 27	+ 28

20 + 36	23 + 22	11 + 24	21 + 25
38 + 44	41 + 35	13 + 49	32 + 32
33 + 22	21 + 40	44 + 21	34 + 44
22 + 38	10 + 28	41 + 21	24 + 29
10 + 24	46 + 23	24 + 39	41 + 44

31 + 26	17 + 35	27 + 32	45 + 35
14 + 41	48 + 21	48 + 25	38 + 29
28 + 26	43 + 40	16 + 34	12 + 43
17 + 43	48 + 33	29 + 34	38 + 40
46 + 35	31 + 39	44 + 23	25 + 47

19 + 48	33 + 46	37 + 30	37 + 28
30 + 24	44 + 31	38 + 39	22 + 44
23 + 50	44 + 25	38 + 27	27 + 37
45 + 21	20 + 45	40 + 40	25 + 45
28 + 31	19 + 36	41 + 42	30 + 27

23 + 30	34 + 30	41 + 44	12 + 28
35 + 47	19 + 49	41 + 35	41 + 50
30 + 20	49 + 39	13 + 45	31 + 45
40 + 21	46 + 30	26 + 43	11 + 38
29 + 39	44 + 32	35 + 23	42 + 22

49 + 50	19 + 46	27 + 33	13 + 49
33 + 27	11 + 43	40 + 46	16 + 35
42 + 42	34 + 42	46 + 41	45 + 45
45 + 39	29 + 24	36 + 32	24 + 32
18 + 47	37 + 22	35 + 40	27 + 30

48 + 48	41 + 25	39 + 28	44 + 39
29 + 31	33 + 47	30 + 22	17 + 28
15 + 31	49 + 44	48 + 47	22 + 26
46 + 39	33 + 45	18 + 22	45 + 24
23 + 28	41 + 49	48 + 41	14 + 38

37 + 24	14 + 38	47 + 42	17 + 38
35 + 40	47 + 44	11 + 48	24 + 21
24 + 29	34 + 24	34 + 41	45 + 32
36 + 46	24 + 25	22 + 31	36 + 27
46 + 42	18 + 46	41 + 42	35 + 25

41 + 31	36 + 43	22 + 45	47 + 30
38 + 35	37 + 29	12 + 38	48 + 50
20 + 40	48 + 22	25 + 20	21 + 28
11 + 40	46 + 28	39 + 34	21 + 38
37 + 32	23 + 26	11 + 24	15 + 44

| 48 | 29 | 37 | 18 |
| + 21 | + 45 | + 30 | + 29 |

| 41 | 35 | 42 | 43 |
| + 26 | + 23 | + 37 | + 43 |

| 14 | 39 | 48 | 34 |
| + 32 | + 39 | + 39 | + 27 |

| 19 | 35 | 21 | 48 |
| + 22 | + 39 | + 42 | + 24 |

| 33 | 15 | 32 | 33 |
| + 24 | + 30 | + 34 | + 40 |

29 + 38	30 + 35	43 + 26	43 + 23
34 + 37	15 + 39	26 + 35	44 + 29
27 + 27	34 + 39	39 + 37	11 + 22
20 + 35	31 + 40	28 + 34	20 + 39
43 + 21	16 + 30	16 + 23	26 + 21

48 - 39	43 - 40	35 - 28	33 - 32
49 - 47	47 - 27	40 - 21	38 - 21
49 - 34	22 - 21	37 - 31	37 - 36
45 - 29	45 - 37	39 - 37	42 - 27
38 - 31	50 - 33	48 - 40	42 - 35

32	30	40	28
- 27	- 24	- 24	- 21

48	42	43	44
- 45	- 38	- 26	- 30

48	47	25	29
- 47	- 31	- 24	- 23

25	24	48	47
- 25	- 22	- 24	- 36

34	44	42	47
- 21	- 33	- 25	- 22

48 - 30	33 - 28	47 - 29	39 - 36
46 - 29	38 - 25	40 - 28	37 - 33
30 - 28	40 - 22	49 - 29	31 - 23
25 - 20	49 - 32	46 - 22	26 - 22
38 - 24	28 - 22	43 - 24	46 - 42

44 - 35	50 - 28	46 - 39	41 - 28
45 - 41	41 - 23	41 - 30	43 - 30
34 - 31	49 - 25	42 - 34	41 - 32
45 - 24	48 - 43	47 - 46	27 - 27
34 - 29	46 - 45	40 - 34	38 - 27

38 - 28	48 - 41	23 - 22	34 - 22
35 - 23	44 - 39	43 - 38	46 - 44
45 - 30	47 - 21	36 - 34	42 - 27
33 - 32	31 - 31	45 - 21	30 - 27
28 - 20	45 - 43	48 - 26	46 - 20

42 - 42	47 - 44	33 - 27	35 - 20
42 - 37	32 - 29	43 - 27	50 - 37
44 - 31	39 - 26	47 - 31	48 - 32
31 - 26	22 - 22	50 - 36	21 - 21
33 - 22	44 - 25	46 - 27	32 - 23

40 - 22	33 - 20	48 - 38	46 - 45
26 - 25	47 - 38	37 - 26	34 - 33
40 - 34	36 - 35	49 - 35	40 - 32
41 - 37	43 - 34	47 - 43	46 - 29
46 - 23	22 - 21	45 - 33	44 - 28

43 - 29	37 - 20	36 - 27	42 - 41
46 - 37	38 - 27	45 - 41	36 - 25
47 - 45	35 - 33	35 - 34	25 - 25
43 - 30	41 - 39	34 - 22	43 - 32
39 - 21	42 - 28	50 - 21	43 - 42

45 - 40	38 - 36	44 - 41	27 - 21
42 - 20	23 - 21	50 - 40	47 - 34
34 - 20	46 - 28	44 - 39	32 - 25
43 - 24	43 - 43	50 - 25	42 - 38
39 - 33	37 - 27	47 - 43	31 - 27

39 - 24	47 - 21	48 - 28	37 - 23
26 - 24	42 - 24	28 - 25	42 - 36
42 - 39	44 - 37	49 - 22	41 - 20
40 - 31	47 - 34	50 - 27	35 - 34
42 - 23	33 - 27	41 - 40	33 - 28

48	40	36	30
- 46	- 37	- 28	- 27

45	33	34	43
- 32	- 26	- 28	- 31

31	44	48	37
- 26	- 24	- 44	- 34

39	46	39	41
- 25	- 40	- 35	- 24

35	27	50	42
- 25	- 20	- 28	- 26

30	41	44	49
- 21	- 23	- 41	- 33

46	40	45	38
- 25	- 34	- 28	- 27

32	38	35	33
- 32	- 28	- 23	- 32

31	30	39	41
- 28	- 22	- 27	- 32

49	44	40	45
- 37	- 44	- 27	- 24

45 - 39	44 - 33	47 - 22	45 - 43
28 - 21	23 - 23	46 - 30	46 - 46
32 - 20	47 - 30	24 - 24	49 - 25
39 - 22	46 - 37	42 - 42	46 - 38
45 - 34	47 - 28	35 - 29	37 - 23

31 − 31	40 − 21	48 − 48	47 − 36
48 − 34	36 − 28	24 − 24	36 − 36
46 − 44	38 − 34	29 − 23	38 − 20
40 − 33	46 − 25	35 − 23	31 − 30
21 − 21	30 − 29	35 − 21	27 − 27

34 - 23	48 - 24	35 - 25	25 - 25
29 - 26	31 - 24	48 - 28	47 - 34
30 - 30	37 - 27	39 - 26	46 - 41
42 - 38	47 - 42	36 - 31	22 - 20
40 - 32	45 - 35	39 - 33	35 - 27

49 - 44	50 - 21	42 - 37	39 - 25
32 - 24	23 - 23	46 - 36	45 - 41
47 - 23	42 - 40	41 - 40	34 - 22
43 - 37	48 - 40	43 - 32	44 - 26
45 - 22	48 - 33	50 - 29	32 - 31

43 − 42	41 − 34	40 − 37	39 − 21
44 − 42	44 − 21	22 − 21	42 − 29
35 − 35	29 − 22	39 − 39	42 − 36
40 − 31	36 − 33	46 − 24	43 − 23
31 − 24	35 − 27	31 − 28	47 − 33

43 - 40	32 - 27	29 - 21	46 - 44
38 - 30	30 - 30	38 - 27	45 - 32
45 - 21	33 - 31	40 - 38	42 - 34
30 - 22	45 - 27	44 - 37	32 - 31
50 - 42	49 - 31	35 - 32	47 - 26

39 - 30	49 - 29	36 - 28	31 - 25
37 - 33	39 - 25	32 - 22	25 - 21
43 - 23	37 - 34	49 - 28	32 - 29
44 - 42	34 - 27	48 - 40	42 - 23
44 - 36	25 - 22	47 - 42	47 - 31

46 - 30	31 - 22	39 - 38	42 - 40
35 - 29	37 - 25	30 - 21	36 - 25
50 - 40	38 - 37	34 - 26	35 - 26
50 - 37	27 - 25	33 - 33	47 - 44
49 - 32	44 - 29	44 - 30	48 - 47

38 - 32	43 - 41	43 - 31	45 - 41
36 - 33	34 - 33	46 - 34	45 - 34
30 - 25	24 - 24	35 - 35	41 - 40
35 - 31	40 - 30	38 - 33	39 - 36
37 - 22	48 - 21	50 - 41	40 - 22

| 10 | 42 | 47 | 50 |
| × 9 | × 4 | × 3 | × 7 |

| 18 | 36 | 41 | 31 |
| × 1 | × 3 | × 10 | × 3 |

| 21 | 21 | 46 | 22 |
| × 5 | × 6 | × 8 | × 10 |

| 32 | 21 | 22 | 15 |
| × 9 | × 8 | × 2 | × 5 |

| 28 | 33 | 22 | 25 |
| × 5 | × 8 | × 3 | × 5 |

31 × 9	10 × 8	45 × 9	30 × 4
40 × 8	14 × 8	42 × 2	25 × 4
23 × 9	38 × 1	40 × 3	13 × 3
38 × 3	36 × 4	17 × 9	39 × 2
46 × 9	49 × 1	32 × 6	4 × 8

17 × 1	47 × 7	43 × 5	31 × 5
47 × 4	16 × 6	35 × 4	33 × 10
5 × 7	10 × 3	2 × 10	50 × 2
44 × 9	10 × 5	36 × 9	42 × 1
34 × 8	18 × 4	32 × 4	23 × 1

27 × 3	34 × 5	13 × 6	20 × 7
27 × 5	28 × 2	3 × 10	29 × 7
11 × 5	30 × 5	36 × 5	39 × 10
4 × 2	32 × 8	1 × 9	22 × 8
23 × 5	33 × 6	5 × 1	17 × 5

24 × 6	45 × 6	6 × 10	23 × 2
41 × 8	2 × 8	29 × 3	4 × 8
30 × 6	13 × 8	23 × 9	47 × 5
35 × 3	10 × 7	42 × 6	6 × 5
43 × 10	10 × 5	1 × 9	37 × 5

9 × 3	49 × 4	16 × 4	5 × 8
15 × 2	1 × 5	6 × 7	19 × 5
34 × 6	13 × 7	43 × 1	31 × 4
35 × 6	46 × 6	5 × 6	38 × 7
40 × 9	32 × 4	47 × 6	8 × 4

9 × 5	19 × 7	26 × 7	20 × 3
31 × 8	41 × 5	35 × 1	27 × 2
29 × 7	33 × 8	21 × 5	34 × 7
19 × 4	4 × 2	26 × 2	22 × 9
26 × 5	34 × 9	40 × 2	8 × 8

38 × 4	48 × 8	17 × 5	36 × 3
48 × 4	46 × 7	39 × 7	16 × 2
47 × 2	7 × 6	11 × 8	50 × 8
24 × 7	45 × 6	33 × 7	26 × 4
48 × 1	20 × 9	19 × 3	6 × 2

49 × 9	33 × 1	30 × 7	8 × 10
32 × 5	8 × 1	18 × 3	11 × 3
40 × 4	39 × 7	48 × 3	9 × 4
33 × 6	24 × 5	19 × 5	24 × 3
20 × 4	42 × 5	46 × 8	12 × 7

21 × 5	32 × 4	14 × 9	6 × 7
1 × 2	33 × 10	17 × 6	19 × 10
28 × 7	43 × 9	7 × 7	28 × 9
31 × 6	27 × 7	43 × 7	29 × 1
6 × 2	13 × 6	30 × 8	6 × 8

24 × 8	20 × 3	44 × 9	48 × 9
45 × 4	28 × 8	42 × 7	18 × 5
29 × 6	45 × 3	14 × 8	20 × 8
30 × 2	21 × 4	15 × 4	5 × 2
36 × 7	35 × 1	38 × 4	8 × 8

27 × 6	36 × 9	1 × 5	21 × 1
35 × 3	30 × 7	31 × 2	32 × 8
47 × 3	23 × 6	32 × 7	49 × 7
37 × 8	28 × 3	23 × 2	36 × 8
6 × 6	38 × 3	34 × 5	16 × 3

31 × 9	27 × 2	3 × 6	35 × 4
41 × 4	5 × 3	13 × 4	23 × 7
15 × 3	28 × 5	39 × 5	47 × 9
11 × 3	41 × 9	27 × 2	32 × 10
37 × 9	31 × 3	10 × 6	12 × 10

48 × 3	16 × 9	44 × 2	9 × 4
38 × 7	15 × 6	13 × 1	23 × 8
5 × 3	33 × 5	4 × 2	12 × 4
47 × 10	12 × 1	3 × 9	15 × 8
36 × 6	46 × 9	1 × 2	1 × 6

6 × 9	41 × 1	36 × 7	21 × 8
6 × 10	45 × 8	46 × 8	4 × 8
34 × 6	9 × 3	4 × 7	32 × 4
17 × 6	43 × 2	12 × 6	24 × 6
4 × 4	36 × 3	32 × 3	29 × 5

| 47 | 3 | 13 | 23 |
| × 2 | × 6 | × 5 | × 4 |

| 12 | 21 | 49 | 37 |
| × 5 | × 6 | × 9 | × 4 |

| 14 | 36 | 3 | 32 |
| × 4 | × 8 | × 5 | × 7 |

| 40 | 16 | 35 | 17 |
| × 6 | × 8 | × 4 | × 7 |

| 33 | 5 | 25 | 42 |
| × 7 | × 7 | × 5 | × 1 |

| 22 | 14 | 11 | 6 |
| × 10 | × 5 | × 8 | × 8 |

| 27 | 9 | 30 | 10 |
| × 10 | × 8 | × 7 | × 9 |

| 27 | 12 | 2 | 16 |
| × 1 | × 3 | × 10 | × 1 |

| 33 | 50 | 7 | 13 |
| × 8 | × 6 | × 7 | × 8 |

| 8 | 3 | 47 | 19 |
| × 7 | × 1 | × 9 | × 3 |

41 × 6	24 × 1	12 × 3	15 × 2
9 × 7	40 × 9	28 × 5	49 × 2
32 × 7	22 × 6	26 × 10	8 × 10
7 × 3	29 × 7	17 × 10	11 × 8
45 × 4	14 × 3	26 × 5	46 × 9

10 × 8	44 × 5	33 × 3	33 × 9
20 × 4	24 × 9	34 × 8	20 × 5
44 × 10	35 × 6	40 × 2	27 × 2
47 × 3	9 × 8	30 × 3	37 × 5
17 × 7	6 × 7	17 × 9	35 × 9

| 4 × 4 | 31 × 9 | 14 × 1 | 36 × 5 |

| 40 × 1 | 28 × 10 | 13 × 6 | 1 × 8 |

| 45 × 6 | 16 × 5 | 28 × 9 | 18 × 3 |

| 27 × 10 | 36 × 7 | 9 × 10 | 14 × 9 |

| 27 × 5 | 28 × 6 | 24 × 8 | 49 × 6 |

14	35	40	30
× 8	× 4	× 8	× 4

16	2	26	36
× 3	× 5	× 8	× 2

43	4	9	40
× 6	× 6	× 4	× 5

46	45	37	14
× 8	× 8	× 8	× 4

45	21	28	21
× 5	× 10	× 4	× 2

12 ÷ 8 = ____

8 ÷ 10 = ____

2 ÷ 5 = ____

3 ÷ 6 = ____

15 ÷ 7 = ____

14 ÷ 9 = ____

2 ÷ 10 = ____

20 ÷ 9 = ____

13 ÷ 7 = ____

14 ÷ 7 = ____

2 ÷ 6 = ____

16 ÷ 6 = ____

15 ÷ 6 = ____

19 ÷ 10 = ____

4 ÷ 9 = ____

5 ÷ 7 = ____

7 ÷ 7 = ____

14 ÷ 8 = ____

1 ÷ 8 = _____

5 ÷ 8 = _____

9 ÷ 8 = _____

8 ÷ 9 = _____

2 ÷ 9 = _____

20 ÷ 10 = _____

12 ÷ 7 = _____

7 ÷ 9 = _____

10 ÷ 7 = _____

8 ÷ 5 = _____

14 ÷ 5 = _____

16 ÷ 8 = _____

13 ÷ 8 = _____

4 ÷ 6 = _____

11 ÷ 5 = _____

18 ÷ 9 = _____

16 ÷ 10 = _____

4 ÷ 8 = _____

3 ÷ 9 = ...   17 ÷ 7 = ...

20 ÷ 7 = ...   15 ÷ 9 = ...

6 ÷ 7 = ...   12 ÷ 9 = ...

11 ÷ 10 = ...   17 ÷ 6 = ...

9 ÷ 9 = ...   5 ÷ 10 = ...

20 ÷ 8 = ...   16 ÷ 7 = ...

11 ÷ 9 = ...   9 ÷ 6 = ...

19 ÷ 6 = ...   18 ÷ 8 = ...

9 ÷ 10 = ...   18 ÷ 7 = ...

1 ÷ 9 = _____

10 ÷ 10 = _____

13 ÷ 9 = _____

20 ÷ 6 = _____

8 ÷ 8 = _____

3 ÷ 8 = _____

19 ÷ 7 = _____

16 ÷ 9 = _____

7 ÷ 5 = _____

9 ÷ 7 = _____

10 ÷ 5 = _____

13 ÷ 5 = _____

18 ÷ 10 = _____

6 ÷ 6 = _____

19 ÷ 8 = _____

13 ÷ 6 = _____

10 ÷ 9 = _____

15 ÷ 8 = _____

6 ÷ 10 = _____   3 ÷ 7 = _____

5 ÷ 6 = _____   8 ÷ 7 = _____

1 ÷ 7 = _____   6 ÷ 8 = _____

13 ÷ 10 = _____   19 ÷ 9 = _____

12 ÷ 6 = _____   20 ÷ 5 = _____

2 ÷ 8 = _____   6 ÷ 9 = _____

5 ÷ 6 = _____   12 ÷ 8 = _____

19 ÷ 6 = _____   15 ÷ 9 = _____

11 ÷ 7 = _____   7 ÷ 7 = _____

7 ÷ 6 =

9 ÷ 5 =

11 ÷ 6 =

1 ÷ 6 =

9 ÷ 7 =

2 ÷ 9 =

4 ÷ 10 =

4 ÷ 5 =

10 ÷ 7 =

17 ÷ 10 =

7 ÷ 9 =

6 ÷ 6 =

18 ÷ 7 =

19 ÷ 7 =

10 ÷ 8 =

2 ÷ 7 =

17 ÷ 9 =

10 ÷ 9 =

8 ÷ 7 = _____

6 ÷ 9 = _____

19 ÷ 5 = _____

13 ÷ 7 = _____

2 ÷ 6 = _____

19 ÷ 8 = _____

3 ÷ 6 = _____

19 ÷ 10 = _____

9 ÷ 10 = _____

15 ÷ 7 = _____

6 ÷ 8 = _____

6 ÷ 10 = _____

14 ÷ 6 = _____

14 ÷ 7 = _____

20 ÷ 6 = _____

17 ÷ 8 = _____

8 ÷ 9 = _____

17 ÷ 6 = _____

16 ÷ 8 =

18 ÷ 8 =

1 ÷ 9 =

16 ÷ 7 =

8 ÷ 10 =

17 ÷ 5 =

15 ÷ 10 =

9 ÷ 6 =

3 ÷ 8 =

7 ÷ 5 =

10 ÷ 5 =

8 ÷ 8 =

12 ÷ 9 =

14 ÷ 9 =

3 ÷ 5 =

15 ÷ 6 =

15 ÷ 5 =

14 ÷ 5 =

2 ÷ 8 = _____

11 ÷ 9 = _____

13 ÷ 8 = _____

18 ÷ 6 = _____

13 ÷ 9 = _____

9 ÷ 8 = _____

12 ÷ 7 = _____

18 ÷ 5 = _____

15 ÷ 8 = _____

10 ÷ 6 = _____

7 ÷ 8 = _____

13 ÷ 6 = _____

1 ÷ 8 = _____

19 ÷ 9 = _____

8 ÷ 6 = _____

16 ÷ 10 = _____

18 ÷ 9 = _____

12 ÷ 6 = _____

9 ÷ 9 = ____

14 ÷ 10 = ____

16 ÷ 9 = ____

16 ÷ 5 = ____

12 ÷ 7 = ____

16 ÷ 9 = ____

7 ÷ 6 = ____

10 ÷ 7 = ____

10 ÷ 6 = ____

4 ÷ 8 = ____

12 ÷ 10 = ____

2 ÷ 5 = ____

6 ÷ 9 = ____

11 ÷ 7 = ____

17 ÷ 9 = ____

8 ÷ 6 = ____

15 ÷ 9 = ____

20 ÷ 6 = ____

10 ÷ 8 = ...

12 ÷ 8 = ...

17 ÷ 7 = ...

14 ÷ 9 = ...

19 ÷ 8 = ...

9 ÷ 5 = ...

12 ÷ 10 = ...

18 ÷ 9 = ...

12 ÷ 9 = ...

16 ÷ 8 = ...

11 ÷ 10 = ...

2 ÷ 9 = ...

11 ÷ 6 = ...

13 ÷ 7 = ...

4 ÷ 10 = ...

17 ÷ 6 = ...

3 ÷ 8 = ...

14 ÷ 6 = ...

16 ÷ 7 =   2 ÷ 7 =

13 ÷ 6 =   15 ÷ 6 =

5 ÷ 8 =   2 ÷ 10 =

13 ÷ 9 =   1 ÷ 7 =

12 ÷ 6 =   19 ÷ 9 =

5 ÷ 10 =   7 ÷ 8 =

11 ÷ 8 =   13 ÷ 8 =

6 ÷ 6 =   15 ÷ 5 =

9 ÷ 6 =   15 ÷ 7 =

15 ÷ 8 = ...

11 ÷ 5 = ...

3 ÷ 6 = ...

17 ÷ 8 = ...

11 ÷ 9 = ...

8 ÷ 5 = ...

10 ÷ 9 = ...

5 ÷ 5 = ...

19 ÷ 6 = ...

5 ÷ 6 = ...

17 ÷ 5 = ...

20 ÷ 8 = ...

17 ÷ 10 = ...

2 ÷ 5 = ...

10 ÷ 5 = ...

4 ÷ 6 = ...

10 ÷ 10 = ...

8 ÷ 9 = ...

3 ÷ 9 = _____

18 ÷ 8 = _____

16 ÷ 6 = _____

8 ÷ 8 = _____

8 ÷ 7 = _____

7 ÷ 9 = _____

18 ÷ 6 = _____

13 ÷ 5 = _____

14 ÷ 5 = _____

14 ÷ 8 = _____

6 ÷ 8 = _____

4 ÷ 9 = _____

7 ÷ 5 = _____

20 ÷ 7 = _____

6 ÷ 10 = _____

4 ÷ 7 = _____

5 ÷ 7 = _____

1 ÷ 9 = _____

1 ÷ 8 = _____

4 ÷ 7 = _____

3 ÷ 8 = _____

18 ÷ 9 = _____

17 ÷ 8 = _____

14 ÷ 7 = _____

18 ÷ 6 = _____

13 ÷ 6 = _____

1 ÷ 7 = _____

19 ÷ 7 = _____

6 ÷ 7 = _____

20 ÷ 6 = _____

5 ÷ 8 = _____

5 ÷ 10 = _____

16 ÷ 8 = _____

13 ÷ 9 = _____

10 ÷ 8 = _____

7 ÷ 8 = _____

20 ÷ 10 =   14 ÷ 8 =

2 ÷ 8 =   12 ÷ 5 =

19 ÷ 10 =   18 ÷ 7 =

9 ÷ 10 =   14 ÷ 9 =

12 ÷ 8 =   10 ÷ 5 =

19 ÷ 6 =   19 ÷ 9 =

15 ÷ 6 =   17 ÷ 10 =

8 ÷ 9 =   19 ÷ 8 =

6 ÷ 6 =   8 ÷ 6 =

7 ÷ 7 =	11 ÷ 8 =
6 ÷ 5 =	5 ÷ 5 =
13 ÷ 8 =	2 ÷ 7 =
13 ÷ 7 =	16 ÷ 5 =
15 ÷ 8 =	16 ÷ 7 =
11 ÷ 5 =	10 ÷ 9 =
8 ÷ 7 =	7 ÷ 6 =
10 ÷ 7 =	3 ÷ 9 =
6 ÷ 8 =	9 ÷ 6 =

4 ÷ 6 = 　　　　　　12 ÷ 7 =

8 ÷ 5 = 　　　　　　5 ÷ 6 =

14 ÷ 6 = 　　　　　17 ÷ 9 =

2 ÷ 6 = 　　　　　　19 ÷ 5 =

11 ÷ 9 = 　　　　　3 ÷ 7 =

11 ÷ 7 = 　　　　　15 ÷ 7 =

1 ÷ 6 = 　　　　　　11 ÷ 6 =

17 ÷ 6 = 　　　　　4 ÷ 10 =

15 ÷ 9 = 　　　　　16 ÷ 9 =

5 ÷ 7 = _____

4 ÷ 8 = _____

7 ÷ 5 = _____

12 ÷ 6 = _____

4 ÷ 9 = _____

3 ÷ 10 = _____

12 ÷ 7 = _____

11 ÷ 8 = _____

13 ÷ 9 = _____

2 ÷ 9 = _____

17 ÷ 5 = _____

5 ÷ 9 = _____

6 ÷ 9 = _____

4 ÷ 5 = _____

9 ÷ 5 = _____

15 ÷ 8 = _____

9 ÷ 9 = _____

13 ÷ 6 = _____

10 ÷ 7 = _____   2 ÷ 8 = _____

4 ÷ 6 = _____   3 ÷ 10 = _____

11 ÷ 5 = _____   7 ÷ 10 = _____

4 ÷ 10 = _____   14 ÷ 8 = _____

12 ÷ 5 = _____   12 ÷ 8 = _____

4 ÷ 5 = _____   15 ÷ 6 = _____

17 ÷ 8 = _____   6 ÷ 9 = _____

17 ÷ 5 = _____   2 ÷ 6 = _____

12 ÷ 6 = _____   2 ÷ 9 = _____

5 ÷ 7 =

19 ÷ 7 =

12 ÷ 9 =

15 ÷ 7 =

18 ÷ 6 =

1 ÷ 5 =

17 ÷ 9 =

9 ÷ 7 =

19 ÷ 8 =

4 ÷ 7 =

6 ÷ 7 =

3 ÷ 5 =

16 ÷ 5 =

3 ÷ 7 =

7 ÷ 5 =

7 ÷ 6 =

20 ÷ 7 =

14 ÷ 9 =

8 ÷ 8 = _____

18 ÷ 10 = _____

9 ÷ 10 = _____

4 ÷ 8 = _____

14 ÷ 7 = _____

13 ÷ 8 = _____

13 ÷ 7 = _____

3 ÷ 6 = _____

16 ÷ 6 = _____

10 ÷ 8 = _____

16 ÷ 7 = _____

10 ÷ 6 = _____

5 ÷ 6 = _____

16 ÷ 8 = _____

15 ÷ 9 = _____

1 ÷ 9 = _____

1 ÷ 6 = _____

7 ÷ 9 = _____

13 ÷ 10 = _____

3 ÷ 9 = _____

17 ÷ 10 = _____

2 ÷ 5 = _____

10 ÷ 5 = _____

17 ÷ 7 = _____

19 ÷ 9 = _____

11 ÷ 7 = _____

8 ÷ 6 = _____

6 ÷ 8 = _____

7 ÷ 8 = _____

6 ÷ 6 = _____

15 ÷ 10 = _____

8 ÷ 7 = _____

8 ÷ 5 = _____

13 ÷ 5 = _____

19 ÷ 6 = _____

4 ÷ 9 = _____

9 ÷ 5 = _____   18 ÷ 8 = _____

1 ÷ 7 = _____   7 ÷ 7 = _____

18 ÷ 7 = _____   5 ÷ 10 = _____

www.ingramcontent.com/pod-product-compliance
Lightning Source LLC
Chambersburg PA
CBHW080515220526
45465CB00006B/2493